秦一博◎主编

软装达人 让家脱颖而出

中国质检出版社
中国标准出版社

北京

图书在版编目（CIP）数据

软装达人，让家脱颖而出 / 秦一博主编 .—北京：
中国标准出版社，2014.7
ISBN 978-7-5066-7507-9

Ⅰ. ①软… Ⅱ. ①秦… Ⅲ. ①室内装饰设计—研究
Ⅳ. ① TU238

中国版本图书馆 CIP 数据核字 (2014) 第 038586 号

中国质检出版社
中国标准出版社 出版发行
北京市朝阳区和平里西街甲 2 号（100029）
北京市西城区三里河北街 16 号（100045）
网址：www.spc.net.cn
总编室：（010）64275323　发行中心：（010）51780235
读者服务部：（010）68523946
中国标准出版社秦皇岛印刷厂印刷
各地新华书店经销
*
开本 880×1230　1/32　印张 4.5　字数 118 千字
2014 年 7 月第一版　2014 年 7 月第一次印刷
*
定价 23.00 元

参加编写人员

主　编

秦一博

副主编

刘云　高光　翁倩　房芳

编写人员

郑羽　张毛毛　汤琦　张越　刘绥

前 言

软装到今天已诞生一个多世纪，初衷是：把家打扮得更美、更艺术，让家人爱上回家。在提倡“轻装修重装饰”、“人性化”、“享受生活”的今天，软装更是受到大众的关注。

软装可以理解为在居室中布置打扮、织物陈设的艺术，不仅具有使用价值，还在空间艺术上，通过造型、色彩、质感等调整硬装上的不足，起到完美的烘托作用。软装可充分体现主人的喜好与品位，彰显主人的身份和社会地位，还可随着季节、节日、心情灵活地调整，营造宜人的家居气氛。

了解软装的内涵以及设计方法，可以让家居生活更加温馨舒适，让家脱颖而出。对于不具备专业知识的普通百姓来说，如果泛泛地参考相关的家装图片，并不利于理解软装和实际操作。针对这种情况，本书从实用性出发，对软装知识进行了图文并茂的系统讲解，并加入了大量鲜活的实例，更易于读者理解和掌握软装知识，激发阅读兴趣。同时，本书还有针对性地对软装常见问题提出解决攻略，既普及了美化家庭环境的知识，又为读者提高生活质量答疑解惑。

软装达人，让家脱颖而出

Content 目录

第四章 装扮独一无二的家

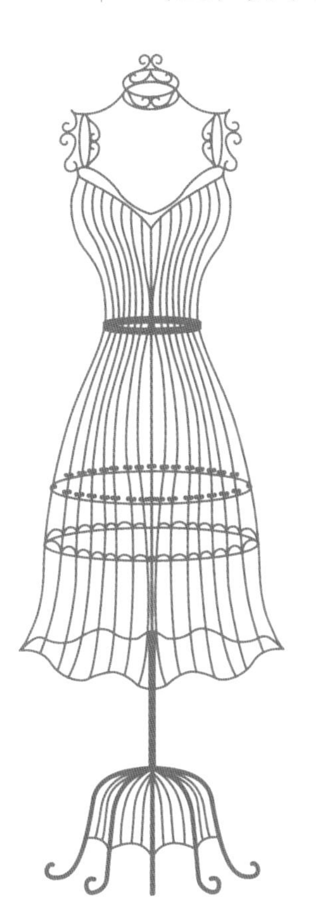

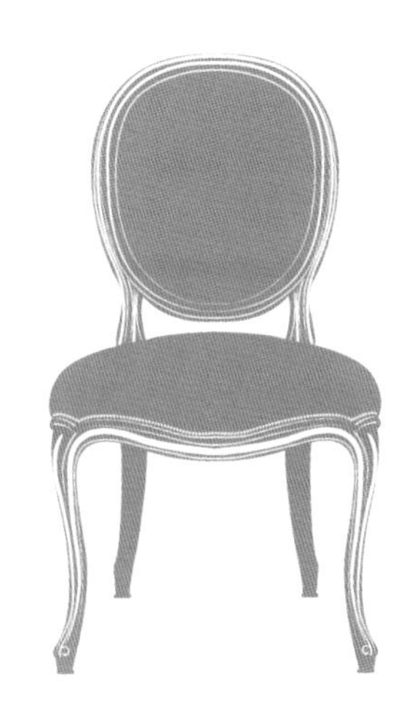

Chapter1

Understand Soft Furnishing

第一章 了解软装

什么是软装，什么是硬装

软装可以理解为：在居室中布置打扮、织物陈设的艺术。除了室内装修中固定的，像地板、顶棚、墙面以及门窗等不能移动的结构以外，其他可以移动的和属纺织物料的室内装饰物都可以称之为软装饰。如家具、窗帘、床品、布艺、灯具、餐具、工艺品、花卉等。

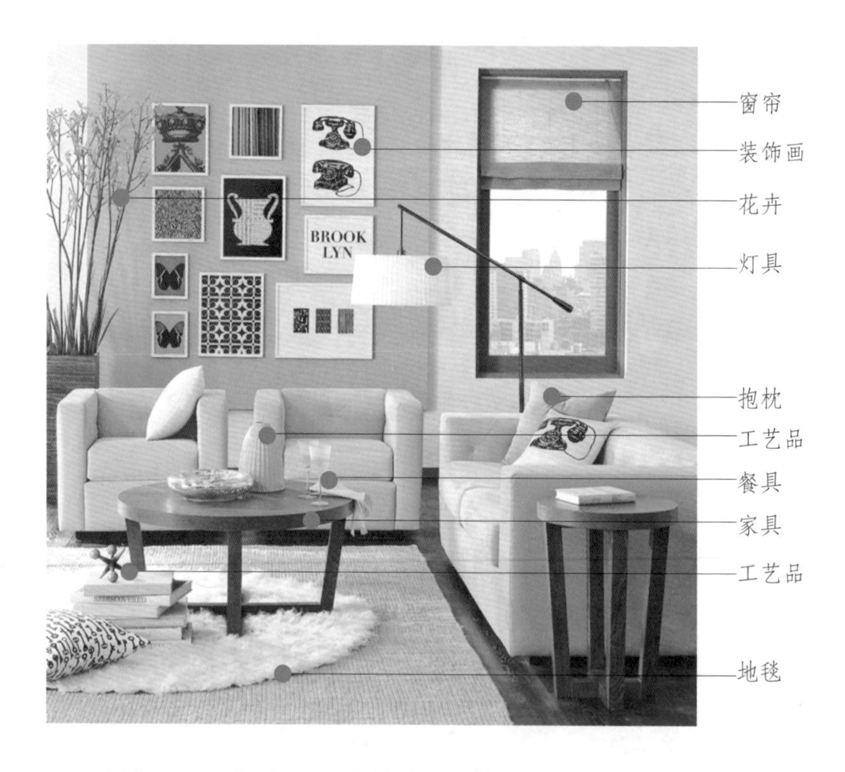

硬装可以理解为：室内装修中所做的固定的结构。主要是对建筑内部空间的六大界面，也就是对通常所说的天花、墙面、地面的处理，以及分割空间的隔断之类的界面处理。

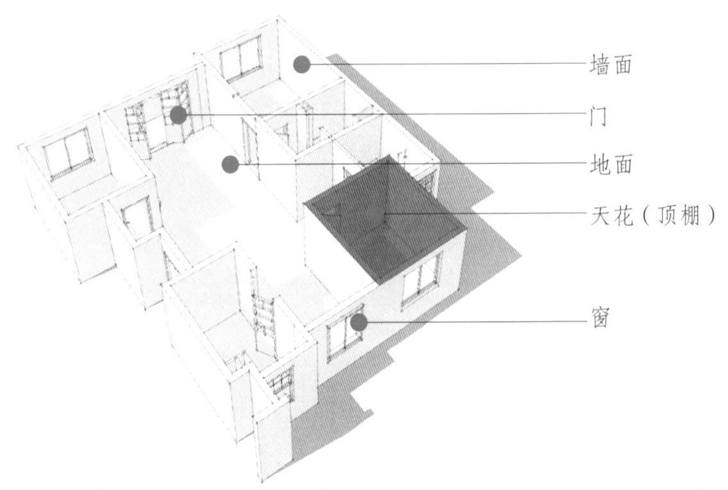

软装原则上是可以移动变化的，而硬装在装修好以后就不可以随意拆卸更改。做一个通俗的比喻：硬装就像给房子“整容”，整成什么样就改不了了，而软装就像给房子“梳妆打扮”，略施粉黛还是披金戴银都随您，而且还可以配合心情随意换妆。

软装与硬装的关系

小贴士

硬装奢侈≠有档次

“完美的装修过程是三分硬装，七分软装。”

事实上，“软装”和“硬装”不能割裂开来，硬装重“形”，而软装则要求“神”。人们把“硬装”和“软装”设计硬性分开，很大程度上是因为两者在施工上有前后之分，但在应用上，两者都是为了丰富概念化的空间，使空间异化，以满足家居的需求，展示人的个性。所以，软装和硬装对于房子整体效果的体现具有同等重要的影响，它们的关系是密不可分、缺一不可的。

软装的作用

在越来越强调“人性化”、“享受生活”的今天，软装作为一种全新的“装饰材料”能更好地满足现代人对于室内装修的高标准要求。

软装除了具有使用价值外，还在空间艺术上，通过造型、色彩、质感、肌理、纹样调整硬装饰上的不足，起到完美的烘托作用。

客厅一角，主要采用了土黄、米白、浅绿、浅灰蓝、棕色等大地色系色彩，营造了舒适轻松的田园气息；实木家具的质感更是让人接近自然；条纹壁纸的使用在视觉上有效地抬高了房间的举架。

软装饰充分体现了主人的喜好与品位，彰显着主人的身份和社会地位。

客厅，主人选用了蓝灰色的三人沙发和嫩绿色的单人沙发，在色彩上沉稳又不失生气，表明主人低调而不失品位，三人沙发上精工细作的铆钉更是体现了主人对品质的追求，而书架和边桌上的“舞者”雕像则展现了主人在艺术上的审美情趣。

软装可随着季节、节日、心情的变化灵活地调整，带来宜人的家居气氛。

精致的植物装饰，带来的不仅仅是春天的气息，更是无限的生机和希望，令人心情舒畅。

顽皮的松塔球、嵌满苹果和松塔的花环提示着圣诞节日的到来，暖暖的色调让人倍感节日温馨。

雪花和星星吊灯、圣诞树球、餐具等物品已经充分地给房间披上了圣诞节日的盛装，热情的红色让节日气氛更加浓烈。

什么时候开始软装设计

很多人认为，完成基本装修后再考虑软装设计也不迟。其实不然，虽然在施工的前后上是先做硬装后做软装，但是在工序上则应该“软”、“硬”同时兼顾。

在家庭装修时，最重要是确定总体风格，然后用风格指导装修的方向，并让软装在装修的风格里起到画龙点睛的作用。所以，在装修刚开始的时候就要进行软装设计了。

Chapter2

Soft Furnishing Element

第二章 软装元素

功能性软装元素

（一）家具

家具是生活的必需品，在家中扮演着重要的角色。除了要满足生活起居的基本需求之外，家具还应该体现居住环境的完整设计风格，体现主人的职业特征、审美情趣和文化修养。

“家具”并不是简单地摆放，而是注重空间布局和功能的使用要求，以不同形式体现家的风格效果和艺术氛围。

家具按照功能分为客厅家具、餐厅家具、书房家具、卧室家具等。

1. 客厅家具

客厅是用于对外接待、对内休闲活动的地方，这里是一个家的门面。家具应该注重“以人为本”的功能需求，既要能体现主人的品味，又要能制造亲切和睦的居家气氛。

客厅气氛图

客厅气氛图

客厅气氛图

客厅家具列表

名称	代表图片	名称	代表图片
电视柜		陈列柜	
贵妃榻		单人沙发	
沙发		角几	
咖啡茶几		椅子	

2. 餐厅家具

餐厅是家人就餐的地方，餐厅家具的舒适度会直接影响家人就餐的食欲。因此，要精心地选择家具的样式、质地以及颜色等，并且要充分地考虑使用的需要，布置临时存放物品的柜子等。

餐厅气氛图

餐厅气氛图

餐厅家具列表

名称	代表图片	名称	代表图片
餐桌		餐桌	
餐椅		边桌	

3. 书房家具

书房是主人书写阅读及业余办公的场所，家具陈设应精致，注重简洁干净。书房的家具主要由书桌、办公座椅、书柜、角几等组成。

书房气氛图

书房气氛图

书房气氛图

书房家具列表

名称	代表图片	名称	代表图片
办公桌		办公椅	
角几		书柜	

4. 卧室家具

卧室是家中最为私密的空间，不仅要给主人提供一个舒适的睡眠环境，还要具备一些基本的储物和休闲功能。卧室应该拥有安静温馨的气氛，卧室内的陈设也应该能够凸显主人的个性。

卧室的家具主要包括床、床头柜、梳妆台、衣柜、床尾凳等。

⑴主卧

主卧气氛图

主卧气氛图

主卧气氛图

主卧家具列表

名称	代表图片	名称	代表图片
床		床头柜	
床尾凳		衣柜	
沙发		梳妆台	

⑵主卧衣帽间

主卧衣帽间气氛图

主卧衣帽间气氛图

⑶客卧

客卧气氛图

客卧气氛图

客卧家具列表

名称	代表图片	名称	代表图片
床		床头柜	
床尾凳		衣柜	

(4)儿童房

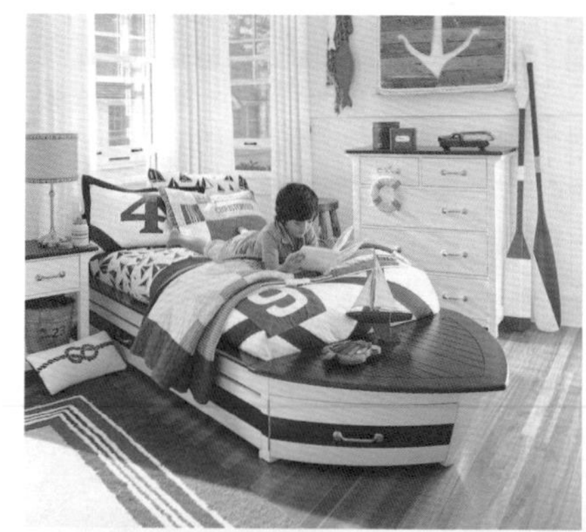

儿童房气氛图

儿童房家具列表

名称	代表图片	名称	代表图片
床		床头柜	
斗橱		衣柜	

在 GB/T 3324—2008《木家具通用技术条件》标准中，将木家具分为实木类家具、人造板类家具以及综合类家具三大类。其中实木类家具是指以实木锯材或实木板材为基材制作的、表面经涂饰处理的家具；或在此类基材上采用实木单板或薄木（木皮）贴面后，再进行处理的家具。实木类家具又可以分为全实木家具、实木家具和实木贴面家具三大类。

实木家具

小贴士

实木家具的保养应避免强烈阳光直射，使用环境最佳温度 22℃，相对湿度 60%~70% 之间，室内应防湿、通风。给家具去尘清洁时可用软布顺着木纹的纹理擦拭，也可用软布蘸喷洁剂擦拭。

（二）布艺

布艺能够柔化空间中硬朗的线条，赋予家或温馨、或清新自然、或高贵华丽、或浪漫柔情的气氛。布艺是家居陈设中重要的元素之一，按照功能划分，包括窗帘、床上用品和地毯等。

1. 窗帘

窗帘是点缀格调生活空间不可缺少的元素之一，是生活空间的精灵，人们常说装上窗帘就有家的感觉了。

窗帘的样式千变万化，选择时首先要考虑居室的整体效果，其次应考虑窗帘的花色图案是否与居室相协调，然后再根据环境和季节权衡确定。小房间的窗帘应该选用比较简洁的样式，大居室则适合采用大方气派、精致的样式。

窗帘按照造型可分为罗马帘、卷帘、垂直帘、百叶帘。

⑴罗马帘

罗马帘比较适合安装在豪华居室中，用于较大面积的玻璃窗。罗马帘使用的面料比较广泛，一般质地的面料都可以。这种窗帘的装饰效果很好，漂亮而华丽。

罗马帘

⑵卷帘

卷帘简洁大方，使用方便，有多种花色，可用来遮阳，而且方便取下清洗。适合安装在书房和面积比较小的房间。

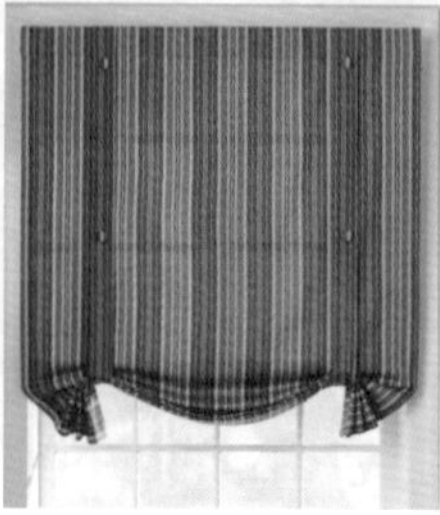
卷帘

(3) 垂直帘

垂直帘因将叶片挂在轨道上而得名，可左右调节进光量的多少。有多种材料，如普通面料、PVC 等。

(4) 百叶帘

百叶帘遮光效果好，透气性强，可以用水直接清洗。百叶帘的颜色和质地有很多选择。

垂直帘

垂直帘

百叶帘

中间部分为百叶帘，两侧红色的为垂直帘，两种搭配使用，更容易控制进光量。

2. 床上用品

卧室是家里最为私密的空间，最能体现生活品质的地方。床是卧室的视觉焦点，床上用品则是床的服饰，体现着主人的审美修养和情趣。

床上用品的尺寸标准

类型	床尺寸	被套尺寸	床单尺寸	枕套尺寸
单人床	2m × 1.2m	1.6m × 2.0m	2.3m × 2.0m	48cm × 74cm
普通双人床	2m × 1.5m	2.3m × 2.0m	2.45m × 2.5m	48cm × 74cm
加大双人床	2m × 1.8m	2.2m × 2.4m	2.45m × 2.7m	48cm × 74cm
注：床上靠枕常规尺寸一般为：50cm × 50cm 或 60cm × 60cm				

(1)面料

面料的分类

品种	性能	代表图片
涤棉	涤纶与棉的混纺织物。在干、湿情况下弹性和耐磨性都较好，尺寸稳定，缩水率小，具有挺拔、不易褶皱、易洗、快干的特点，但容易吸附油污。	
纯棉	以棉花为原料，通过织机形成纺织品。具有吸湿、保湿、耐热、透气、卫生等特点，但易皱、易缩水、易变形。	
真丝	一般指蚕丝，包括桑蚕丝、柞蚕丝、蓖麻蚕丝等，是一种天然纤维。经过染织而成的各种色彩绚丽的丝绸面料，可加工成床品和工艺品。具有舒适、吸湿性好、吸音、透气耐热、抗紫外线、美容养颜的特点。	
亚麻	合成纤维之外最结实的一种。其纤维强度高，有良好的着色性能，具有生动的、凹凸纹理的材质美感。	
涤纶	合成纤维中的一个重要品种，是聚酯纤维在我国的商品名称。涤纶具有极优良的定形性能，强度高、弹性好。表面光滑，耐磨、耐光、耐腐蚀、不易褪色。	
腈纶	聚丙烯纤维在我国的商品名称。它弹性较好，强度虽不及涤纶，但比羊毛高1~2.5倍。耐热、耐光。	

小贴士

不同面料的床上用品如何洗涤和贮存

涤棉

常温下使用一般常规洗涤剂，先用冷水浸泡 15 分钟，水温不宜超过 40℃。洗净后，一般可以脱水或用手轻轻拧干，置阴凉通风处晾干，不可曝晒，不宜烘干，以免因热生皱。通常可以低温熨烫。

纯棉

纯棉用品的耐碱性强，可用肥皂或其他洗涤剂洗涤。洗涤前，可放在水中浸泡，但不宜过久，以免颜色受到破坏。洗涤温度不超过 40℃，反面洗涤为宜；如有汗渍忌用热水浸泡，以免出现汗斑。应在通风阴凉处反面晾晒。熨烫时温度在 110℃以下。收藏时折叠整齐，在通风避光处存放。浅色和深色织物要注意分开存放，防止粘色、泛黄。

真丝

真丝制品最好干洗，也可手洗，不可机洗，应用中性洗涤剂，在低温水中浸泡 15~20 分钟，轻轻搓揉。洗净后要轻轻挤去水分，避免日光曝晒褪色。贮存时，把真丝制品存放在干燥阴凉处，否则会造成霉斑和褪色，不宜放卫生球。此外真丝制品存放后，容易发硬，可用丝绸柔软剂或白醋稀释液浸泡。

亚麻

亚麻制品既可水洗又可干洗。水洗时，先在 30℃水中浸泡 10 分钟，洗后不要用力拧，自然通风阴干，不宜用洗衣机脱水，阴干至八成时，可高温熨烫，使其更加平整光滑。亚麻制品可折叠放置，不会造成发霉等现象。

涤纶

涤纶制品的耐酸碱性、耐热性好，肥皂或洗衣粉均可使用。水温可达 60℃，与纯棉制品洗涤方法相似。存放时，应洗净、熨烫、晾干后，叠放平整，不宜长期吊挂在衣柜中，以免衣物悬垂伸长。涤纶一般不虫蛀、霉变，存放时可不放卫生球。

床品面料选择的标准

根据 FZ/T 62011.3—2008《布艺类产品 第三部分：家具用纺织品》行业标准，床品的面料除了内在质量的要求外，还必须有好的外观质量。内在质量包括强力、纱线滑移、水洗尺寸变化率、干洗尺寸变化率和色牢度；外观质量包括色差、外观疵点、工艺要求、缝制质量。不同的质量等级在标准中有明确的指标要求。

小贴士

注意床和床品的尺寸，尽可能购买标准尺寸，方便更换，不至于发生被芯和被面大小不匹配的现象。

床上用品

⑵被芯

被芯有蚕丝系列、棉花系列、羽绒系列、羊毛系列、柔纤系列等。

小贴士

蚕丝被芯的贮存

蚕丝在贮存过程中不宜受到重压，且应通风保持干燥，以免丝胎的空松性状受到不良影响。蚕丝被也应定期进行晾晒，最好在微风和阳光柔和的环境下晾晒，一般为 4~5 小时。

(3)床垫（褥子）

床垫有羊毛床垫、珊瑚绒床垫、竹炭床垫等。

羊毛制品的保养

羊毛制品在存放过程中极易被蛀虫破坏，因此需放入一定量的卫生球，然后用既有防水性又有透气性的专用袋子贮存，存放过程中避免受潮，并且在其上面不要有重物压置。

(4)枕芯

枕芯主要有以下几种填充材料：

①使用中药材填充，如决明子、野菊花、蚕砂等；

②使用谷物类填充，如荞麦壳等；

③使用现代技术加工制作的材料填充，如多孔真空棉、慢回弹海绵等；

④使用纯天然物品填充，如乳胶、羽绒等。

小贴士

回弹枕芯的保养

枕芯易吸湿，且不容易风干，应避免受潮，否则时间长了会影响回弹性。枕芯使用一段时间之后会吸入人体汗液，因此在使用1~3个月后要放在阴凉通风处进行通风，切勿在阳光下曝晒。枕芯使用过程中应避免长时间重压，除了人休息时会重压，其他时间包括贮存时不要重压，否则会造成回弹性减弱或无法回弹的状况。

(5)靠枕

靠枕是卧室不可缺少的织物制品，使用舒适，并且具有装饰作用。靠枕能够活跃和调节卧室的气氛，形状可随意设计，图案可以和其他床品或沙发统一设计，也可独立成章。

靠枕

3. 地毯

地毯不仅能够用来御寒、方便坐卧，还体现了民族文化和手工技艺的发展，是一种高级的装饰品，有赏心悦目的观赏效果。

地毯按照材质可分为纯毛地毯、混纺地毯、化纤地毯、草织地毯等。

面料的分类

品种	性能	代表图片
纯毛地毯	多用于高级住宅的装饰，价格昂贵。抗静电性能好，保湿性好，不易老化、磨损、褪色，但是抗潮性能较差，易发霉蛀虫。	
混纺地毯	由纯毛地毯中加入一定比例的化学纤维制成，在花色、质地、手感等方面与纯毛地毯差别不大。装饰性能不亚于纯毛地毯，克服了纯毛地毯不耐虫蛀的缺点，同时提高了耐磨性，且价格适中。	
化纤地毯	化纤地毯也称合成纤维地毯，物美价廉，经济实用，具有防燃、防污、防虫蛀的特点，清洗和维护都很方便，质量轻、色彩鲜艳、铺设简便。缺点是抗静电性差，易吸尘，保暖性差。	
塑料地毯	由聚氯乙烯树脂等材料制成，质地较薄、手感硬、受气温影响较大、易老化，但耐湿性、耐腐蚀性较好，方便刷洗，有阻燃性和价格低的优势。	
草织地毯	具有浓郁的乡土气息，物美价廉，夏季铺设感觉清新凉爽，但不易保养，容易积灰，经常下雨的潮湿地区不宜使用。	
剑麻地毯	一种纯天然的产品，在龙舌兰的叶片中提取，含水分，可随环境变化而调节环境的空气湿度，具有节能、防虫蛀、防火、可降解、耐磨等优点。	

地毯

（三）灯具

灯具是家居的眼睛，能够在夜晚带来光明，调节气氛。灯具的功能由最初单一的实用性逐渐变为实用性和装饰性相结合。

1. 吊灯

吊灯适合装饰在客厅、餐厅以及卧室。吊灯的造型最多，常见的有欧式的烛台吊灯、中式吊灯、水晶吊灯、羊皮纸吊灯、时尚吊灯等。吊灯安装高度的最低点距离地面不应低于 2.2m。

欧式吊灯

中式吊灯

2. 吸顶灯

常用的吸顶灯有方罩吸顶灯、圆球吸顶灯、半球吸顶灯等。吸顶灯适合用于客厅、卧室、厨房、卫生间等。可直接安装在天花板上，安装方便，款式简洁大方。

中式吸顶灯

欧式吸顶灯

3. 落地灯

落地灯常常用于局部照明，对于角落气氛的渲染很有效果，移动也很方便。

4. 壁灯

壁灯适合于卧室、卫生间的照明。样式丰富，安装时应保证灯泡的高度距离地面 1.8m 以上。

5. 台灯

台灯多用于集中的照明，用于工作和学习。

6. 工艺蜡烛

工艺蜡烛配合烛台，能够烘托出特别的气氛。

所有灯具应符合 IEC 5958 国际安全标准，电器绝缘达 Ⅰ 级。

（四）餐具

精致的生活要落实到每一个细节。所谓的品位，更是要见于细微之处。除了睡眠，人们在家中最重要的活动就是就餐了，于是餐桌便成了我们的亲密伙伴，而餐桌上小天地里却有大学问。餐桌上的餐具可时时更换，或素雅、或富贵、或简单、或繁复。一套富有美感、工艺考究的餐具能够调节人们进餐的心情，增加食欲。餐具大致分为瓷器、玻璃器皿和刀叉匙三大类。

1. 瓷器

瓷器是以黏土高温烧制而成的，细致且有光泽，坚硬耐用。瓷器餐具主要包括碟、茶杯、茶杯碟、咖啡壶、茶壶等。选择瓷器餐具要考虑室内的布置、食物的种类，体现主人的品位。

小贴士

瓷器餐具的保养

这类餐具属于易碎品，使用和保存时要特别注意。如餐具没有明确说明，不应进行微波加热，尤其是带有金属边或花纹的餐具。瓷器餐具应避免骤然改变温度差，否则会发生断裂。

2. 玻璃器皿

玻璃器皿餐具主要包括各式酒杯、醒酒杯、冰桶、奶罐、糖盅、水果沙拉碗。玻璃器皿可以有不同的形状和图案。

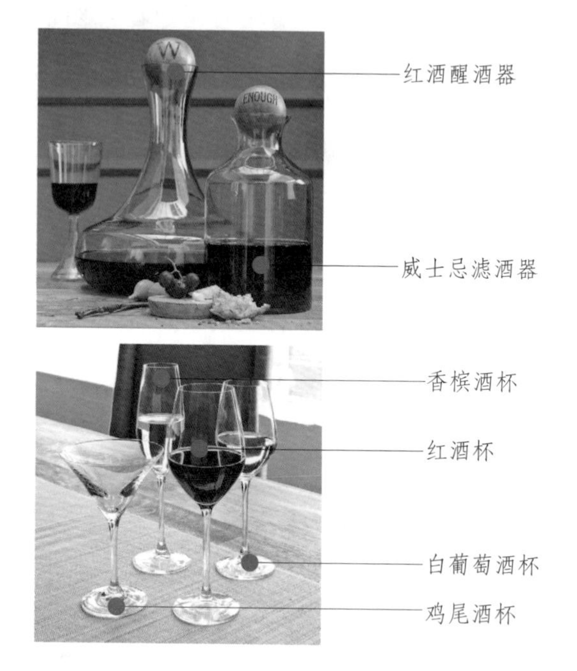

小贴士

玻璃餐具的保养

这类餐具也极易碎裂，使用时要防摔、防强酸碱和防骤然改变温度。要轻拿轻放，建议使用这类餐具时在餐桌搁置垫子。

3. 刀、叉、匙、筷子

刀、叉、匙的材质主要分为不锈钢、镀金、镀银等，传统的造型多富有优雅的感觉，现代的设计则平实、简单，现代气息十足。刀、叉、匙的选择要配合餐厅和瓷器餐具的风格。

筷子是中餐不可缺少的餐具，材质主要有实木、竹子、不锈钢等。

小贴士

金属餐具和木质餐具的保养

金属餐具

金属餐具主要指不锈钢餐具和镀银餐具，不锈钢餐具使用和保养比较简单，清洗时注意不要用擦锅球，以免在其表面留下划痕。镀银餐具在长时间使用之后表面会被氧化变暗，可用牙膏进行擦拭；存放之前应把镀银餐具擦干，搁置在无烟处。

木制餐具

木制餐具最好专人专用，因为使用时间过长，一些菜汤渍会渗入餐具中，不易清洗。清洗时应仔细，然后沥干水分之后收存。木制餐具应定期更换，建议 4 个月更换一次。

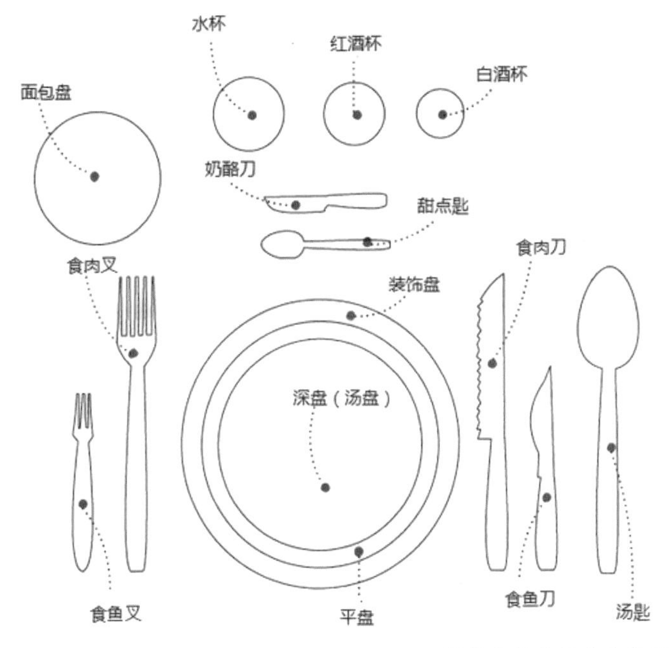

西餐中餐具摆放的位置

餐具

（五）镜子

镜子具有实用性和装饰性的双重效果，合理地运用镜子不仅能让房间变得漂亮，还会使空间看起来更加开阔宽敞。

1. 浴室镜子

在浴室里放镜子是常见的。镜子不仅能够方便剃须和化妆，镜面的墙壁更能使狭长的浴室变得宽敞，同时使用者也能轻易地看见自己的身后。

2. 餐厅镜子

餐厅中如果有一面镜子，在就餐时能够反映出美丽的灯光和美味的菜肴，气氛效果非常棒。

3. 玄关镜子

在门前的玄关柜上安装一个镜子可以方便主人在出门之前检查一下衣容。玄关柜也便于主人整理进门时的钥匙、手机等小物件。

4. 壁炉上方的镜子

如果家里有壁炉的话，在上方安放镜子可以反射房间里的活动，增加温馨的气氛。

5. 卧室的镜子

卧室里的镜子非常必要，可以悬挂在墙面上，或是嵌在衣柜里，方便试穿衣服时使用，需要注意的是镜子前面的空间，应足够照到全身，而且镜子尽量不要对着床，避免晚上发生惊吓。

装饰性软装元素

（一）装饰画

装饰画作为家居饰品不是必须的，但若搭配不当，则会影响整个装饰设计风格和室内整体的协调性。现在的装饰画种类很多，在室内装饰中起到很重要的作用。装饰画没有好坏之分，只有适合与不适合。画的风格要根据装修主题和家具风格而定，同一环境中的画风最好一致，不要有大的冲突。装饰画的图案和样式代表了主人的私人视角，所以选什么内容不重要，重要的是尽量和空间功能相吻合。

装饰画按照种类大致可分为：中国字画、西洋油画、摄影画、工艺画、壁纸等。

小贴士

装饰画尺寸的选择

画的尺寸要根据房间特征和主体家具的大小来定，比如客厅里画的高度在 50~80cm 为宜，长度则要根据墙面或主体家具的长度而定，一般不宜小于主体家具的三分之二。较小的厨房、卫生间等，可以选择高度为 30cm 左右的小装饰画。

中国字画

1. 中国字画

中国字画形式多样，有横、直、方、圆和扁形，也有大小长短之分。中国字画具有清雅古逸、端庄含蓄的特点，在中式风格的室内装修设计中摆放恰到好处，体现了庄重和优雅的双重品质。

中国字画

2. 西洋油画

西方绘画区别于中国传统绘画，注重写实，更强调物体的明暗、体积、质感等，并表现出物体的色彩效果。多以人物和物品为主题。西洋油画一般配以精致华丽的画框，适合欧式的装修风格。

西洋油画

3. 摄影画

摄影画是近代出现的一种装饰画风格。主人可以使用自己或家人的照片制作成摄影画，也可以使用自己喜欢的摄影图片。

建筑风光摄影

4. 工艺画

工艺画是用各种材料，通过拼贴、镶嵌、彩绘等工艺制成的图画，是相对独立的工艺品。

工艺画

小贴士

装饰画应如何使用和保养

装饰画为家庭装饰增添了不少韵味，想要更好地悬挂装饰画，以达到最好的展示效果，需要注意以下几个方面：

①尽量避免太阳光的直射

太阳光长时间的直接照射会使装饰画出现褪色、纸张损伤的现象，因此悬挂时应尽量避免阳光直射。

②合适的理想光源

除了阳光，其他光线的直接照射也会不同程度地对装饰画产生不良影响。因此，应选择间接光源，或者将不可避免的直接光源与间接光源配合使用，达到既有照明、又有保护装饰画的理想效果。

③灯具的种类

装饰画的直接照明和间接照明的灯具主要存在色温高低的问题。直接照明色温高，一般是白炽灯泡；而间接照明色温低，比如日光灯、节能灯等。通常直接照明和间接照明相互结合能够产生正常的色感，能够较真实地体现装饰画的原貌。

④悬挂装饰画的角度

悬挂装饰画是需要有一定角度的，这是为了避免直射光对画的损伤。一般情况下，装饰画悬挂时与墙面倾斜的角度是15° 左右。

装饰画

装饰画

5. 壁纸

壁纸又称墙纸，是用于装饰墙面的特殊纸张。壁纸在质感、装饰效果和实用性上都有着内墙涂料难以达到的效果。壁纸是室内装饰的主要材料，能够体现设计的风格，奠定空间的基调。

壁纸的特点：

⑴装饰效果强。壁纸的花色图案种类繁多，选择余地较大，装饰效果美轮美奂。

⑵使用安全。壁纸无毒、无污染，具有吸声、防霉、防菌、阻燃、防火等功能，使用寿命高达 8 年。

⑶体现居室品味。壁纸能够体现个性，与时尚装饰、布艺一样，是构成家居整体软装的重要部分，易于提升居室品位和档次。

壁纸的风格

风格	性能	代表图片
田园风格	主要在于对自然的表现，室内环境中力求表现悠闲、舒适、自然的田园生活情趣，以浅米色碎花图案为主。	
现代风格	最大的特点是简洁明了，去掉了不必要的附加装饰，以平面构成、色彩构成、立体构成为基础进行设计。多采用棕色系或灰色系等中间色为基调色，白色最能体现现代风格的简单。现代风格的设计善于使用非常强烈的对比色彩效果，创造出个人风格。	
中式风格	融合了庄重优雅的双重气质，在传统的图案中提取符号，凸显民族特色，风格内蕴，颜色古朴。图案主要是中国的传统图案，例如中国绘画、书法字体、祥云等。	
欧美风格	图案强调线性流动的变化，色彩华丽。通过完美的曲线、精益求精的细节处理，给人带来无尽的舒适触感。	
韩国风格	代表了唯美、自然的格调和生活方式。多用含蓄淡雅的色调，偏爱有现代感的花朵图案，壁纸通常有浅浅的底色，与白色的家具相和谐。	
日本风格	样式沉静，禅意浓浓。与大自然融为一体，为室内带来无限生机，选材上也特别注重自然质感，与大自然亲切交流，其乐融融。	

小贴士

壁纸应如何保养和清洁

天然材质类壁纸保养

天然材质类壁纸的色彩大多是染缸染色，因此清洁时要使用干抹布等工具进行清洁，切勿使用潮湿抹布，否则会使壁纸掉色。

PVC 胶面壁纸保养

PVC 胶面壁纸表面有一层 PVC 涂层，因此可用清水进行清洁，清洁时可先用清水擦拭壁纸，然后再用潮湿抹布擦拭干净。如有难清洗的污渍，可选用中性洗涤剂擦拭。

（二）工艺品

工艺品有其独特的艺术表现形式，不仅可以烘托环境气氛，还可以强化室内空间特点，增添审美情趣，实现室内环境整体的和谐统一。工艺品按照材质不同可以分为玻璃工艺品、水晶工艺品、金属工艺品、陶瓷工艺品、植物编织工艺品、雕刻工艺品等。

玻璃工艺品

金属工艺品

植物编织工艺品

水晶工艺品

陶瓷工艺品

雕刻工艺品

工艺品在室内家居中的摆放攻略

攻略 1 家居摆放艺术品要从大布局出发，力求与背景统一，错落与布局协调，色彩与气氛一致，量感与质感均衡。

例如：如果是老家居，点缀的艺术品可选购几件造型古朴、色彩浓重的；现代家居可配饰几件有特色的艺术品。

老家居中的工艺品

现代家居中的工艺品

攻略 2 工艺品的选择要从室内设计的需要出发，与整个室内设计的风格相协调。工艺品切记不宜过多、过滥，只有摆放恰到好处才能实现良好的装饰效果。

攻略 3 一些较大型的主题工艺品，应该放置在较为突出的视觉中心位置，以达到鲜明的展示效果。

攻略 4 一些不引人注目的地方也可以放些工艺品，以丰富室内设计的内容。

例如：书架上除了书之外，可陈列一些小的饰品，如花瓶、小雕塑，看起来既严肃又不失活泼。

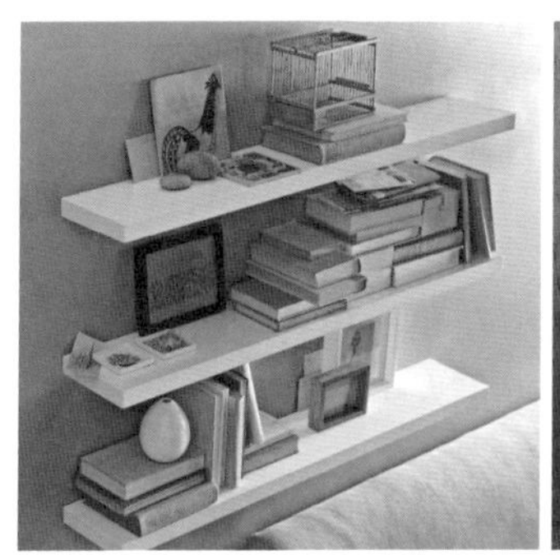

攻略 5 艺术品可以掩盖室内设计的空缺与缺憾。

例如：一面看起来比较空的墙面，可以挂上适宜的绘画或壁挂等艺术品，加以装饰。

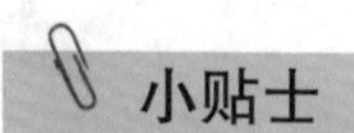

工艺品摆放的注意事项

①尺度和比例

小茶几不能摆放过大的工艺品。空旷的大墙面挂一个小盘子会显得小气。

②视觉高度

尽可能地将工艺品放在与人视线相平的位置上，太高或太低都不利于观看。

③艺术效果

在组合的书柜上，不一定全放满书，可以特意放置一些盘子和瓶子，打破矩形格子的单调感，让整个书柜充满变化细节的艺术效果。

④材质对比

材质的对比恰当更能凸显工艺品的品味。

⑤工艺品与整个环境的色彩关系

大型工艺品要注意与环境色调的协调，小型工艺品则可以艳丽些。

（三）装饰花艺

花艺是装点生活的艺术，是将花草、植物经过构思、制作而创造出的艺术品。花艺是最能够体现主人生活情趣的软装饰之一。

1. 居家插花

居家插花是备受人们喜爱的家饰艺术，无论是桌上摆花、空中悬花，还是落地置花，都能够给家带来温馨的气息，给人们带来心灵的愉悦。插花总体分为两种，一种是以中国、日本等国家为代表的东方风格，另一种是以欧美国家为代表的西方风格。

⑴东方风格插花

中国和日本等国家的东方式插花，崇尚自然，朴实秀雅，富含深刻的寓意。使用的花材不求繁多，只需几支便能起到画龙点睛的效果。造型较多使用枝、叶来勾线、衬托。形式追求线条、构图的完美和变化，崇尚自然，讲究“虽由人作，宛若天开”的意境。色彩则是朴素大方，清雅绝俗。

东方风格插花

⑵西方风格插花

西方风格的插花注重色彩的渲染，强调装饰的丰茂。用花数量多，有繁茂之感。注重几何构图，讲究对称型的插法，有雍容华贵之态，常见半球形、椭圆形、金字塔形，也有将花插成高低不一的不规则形状。色彩上力求浓重艳丽。

西方风格插花

2. 插花器皿

⑴玻璃花器

⑵塑料花器

⑶陶瓷花器

⑷藤、竹子、草编花器

⑸金属花器

3. 家庭花艺设计

⑴客厅花艺设计原则

客厅是家庭装饰的重点区域，花材的持久性要高，不要太脆弱。客厅茶几、边桌、角几、电视柜、壁炉等地方都可以设计花艺。高度方面，茶几上的花艺不宜过高。可选的花材品种有百合、郁金香、玫瑰、兰花等。色彩方面，可以选择红色或香槟色等，尽可能用单一的色系。如果有节日，可根据节日选择相关的装饰品，用绸缎、蜡烛等做装饰配件。气味方面，可选用有淡香的花材。

⑵餐厅花艺设计原则

对比客厅，餐厅花艺设计更华丽、更有凝聚力。餐桌的花艺不宜太高，不要超过对坐人的视线。圆形的餐桌，可以正中摆放一组，也可以以餐桌正中为中心、三角形摆放三组小型花艺；长方形的大餐桌，则可以水平方向摆放花艺。常用的花卉品种有玫瑰、百合、兰花、郁金香等。

花艺

Chapter3
Soft Furnishing Design
第三章 软装设计

软装设计流程

软装达人郑重地劝告各位新手，装修之前，尤其是软装之前，家人必须坐在一起，对未来的家居风格进行充分详尽的讨论。需要指出的是，切莫自以为是专家而独断独行，或者因为意见达不到统一而各行其是。这样的后果一是影响家人之间的感情，二是容易使软装的风格不伦不类。在这方面，有过很多反面案例。作为主导者，务必把握家人的需求，通过反复细致的沟通，就设计的布局、风格及色调达成一致。

制定设计方案阶段，要遵从以下几个步骤：

第一步：明确平面设计方案，包括原始结构图（电路开关、暖气、地面铺设等硬装结构）、平面功能布局（应注意模型尺寸与实际家具的尺寸，不要造成设计误差，以免导致购买家具不适合）等。既要保证品味，又要制造出亲切和睦的居家气氛。

第二步：确定色调。软装配饰设计方案的第一感觉就是色彩元素。进行软装设计时，首先要把握三个大的色彩关系，即背景色（墙面及地面等大面积基调色彩）、主体色（主要包括可以移动的家具设备、装饰覆盖织物——如窗帘、床上用品等中等面积的色彩）、点缀色（装饰设计空间中各种装饰用品的小面积色彩），以及三者之间的关系，对整体方案的色彩要有总体控制，这样就不会乱。结合硬装的色彩关系，确定软装的色调，做到既统一又有变化并符合生活要求。

第三步：根据硬装特点，进一步确定风格类型，尽量弥补硬装的不足之处，注意硬装与后期配饰的和谐统一性。

第四步：依据确定的风格，以及平面结构和功能布局，考察市场，确定家具的风格、品牌，注意墙面尺寸与家具之间空隙的关系；同时确定衣帽间和储物间的设计方案。

第五步：依据总体设计构想，结合家具风格和色彩确定墙面处理设计。

第六步：明确灯具造型及光效设计，如顶灯、射灯、落地灯、台灯等。

第七步：根据家具、室内环境的空间及色彩关系，确定与所定风格相符合的窗帘、地毯及床品样式。

第八步：其他饰品设计，比如装饰画设计、花及植物设计、餐台设计等。这一部分很繁杂，但是好比“画龙点睛”，对于装饰效果可以起到极大的提升作用。

软装风格及装饰要点

软装设计离不开风格的指导。风格的形成包含了历史的传承、文化的融合和民族的变迁，是软装的核心精神。

下面，软装达人向新手们介绍几种常见的软装风格，以及装饰设计的要点。

（一）中式风格

中式风格是以明清宫廷古典建筑为基础的室内装饰设计艺术风格。中式风格融合了庄重与优雅的双重气质。总体布局对称均衡、格调高雅，造型简朴优美、端正稳健，色彩浓重而成熟、讲究对比；材料以木材为主，在装饰图案上崇尚自然情趣（如花鸟鱼虫等），精雕细琢、瑰丽奇巧，充分体现出中国传统美学精神。

新中式风格是中国传统文化在现代背景下的演绎，在室内布局、家具造型及色调方面，吸取传统装饰的“形”与“神”，以传统文化内涵为设计元素，革除传统家具的弊端，去掉多余的雕刻，糅合现代家居的舒适与简洁，以现代人的审美需求来打造富有传统韵味的空间，体现中国数千年传统艺术，营造出一种淡雅的文化氛围。

案例分析

风格：新中式风格

色彩定位：

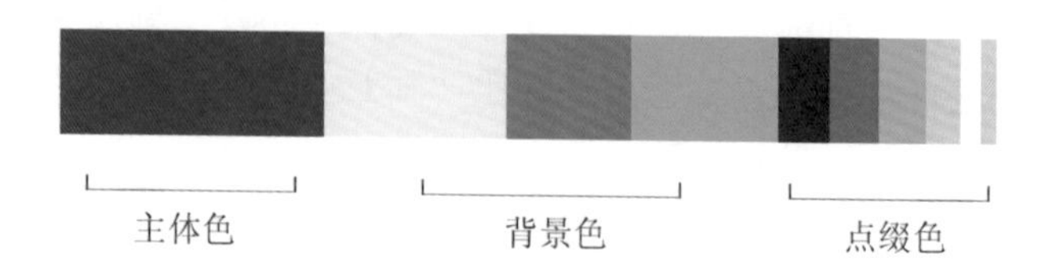

方正规整的中式客厅，深色实木家具和温馨的米白色沙发、墙面强调着中式风格的稳健及高雅格调。米白色布艺沙发和米色的壁纸恰到好处地中和了稍显沉重的木色；沙发两侧的台灯无论从造型还是色彩上都体现了中式风格的特色；浅金色的卷帘和金属工艺品带有沉静气息,却体现了整个空间雍容华贵的气质。

整个客厅的布局对称均衡。沙发背景墙采用了镜面，并镶嵌了木条。镜面使整个空间更加开阔明亮，木条则让整面镜墙实在而有细节，竖向、规律布置的木条在视觉上拉长了空间的高度，并且凸显了简朴大气的气质。家具造型简洁大方，摒弃了传统中式家具中的繁琐雕刻，糅合了现代家居的舒适与简洁。明式方几和座椅则演绎着中华千年的传统文化。丝绸材质的靠枕出类拔萃，守候在宁静的中式客厅中。

棋牌室：质朴敦厚的棋牌桌，舒适的软包座椅，让空间变得舒适万分。干枯芦苇的植入及墙面上大面积留白装裱的小画，体现了中式风格所追求的空灵的意境。落地灯也恰如其分地渲染着这韵味十足的中式空间。

餐厅：十人座圆桌象征着“团团圆圆”，壁纸选用的砖红色是中国色彩的经典，整面墙利用实木条分隔开来，比例讲究，使空间看上去不那么高耸，建立了亲切的尺度。长长的中式吊灯也弥补了高耸空间的不足，让视线在餐桌上停留。

长吊灯在造型上简化了传统的中国灯笼，琉璃坠在灯光下更是流光溢彩。浅金色的餐具和烫金的中国书法使得房间洋溢着雍容华贵的文化氛围。红色的花艺、圆形的花器和整个餐厅相得益彰，值得注意的是，餐桌上的花卉不要高于对面人的视线。

长长的吊灯交错着下垂，填补了旋转楼梯中心的空白，同时也照亮了楼梯空间。

既是隔断又是带灯箱的展示柜，摆放着古朴禅意的工艺品。注意工艺品的摆放不要太满，要适当地留白，这正是中国画追求的意境。

中国的东方花艺，崇尚自然，善用枝叶，追求线条、构图的完美，数枝便营造出朴实秀雅的意境。

精美的木雕，多以花鸟鱼虫为主题，精雕细琢，瑰丽奇巧，充分体现出中国传统美学精神。

主卧（床头一侧）：依旧采用深色实木家具，摆放讲究对称均衡，造型简朴庄重，格调高雅。床头背景墙采用玻璃材质，并备有一层绢，既体现了中国的丝绸文化，又营造了一种朦胧的美感。

棉麻质感的床品带来舒适的触感。卧室的色彩讲究对比，浅色（白色和米色）的床品与深色家具形成鲜明的对比，同时也达到一种均衡。床单和抱枕上的刺绣，绣工精美，纹样雅致，这些小细节都展现着主人的文化内涵和审美修养。

主卧（床尾一侧）：墙壁采用经典的中国红，色彩浓郁。烫金的中国书法挂饰，在红黑的映衬下更加醒目。我们可以根据空间大小的实际需要来选择书法内容的大小，当然可以在讲究构图的前提下选取一部分，并非一定要全部。床上的茶具别具韵味，显示了主人对品质生活的追求。

主卧的一角，舒适的单人沙发，精美的丝绸抱枕，抱枕上镶嵌着环形吊坠，红色的台灯罩呈现出浓浓的复古情结。

客卧：在镜面上镶嵌传统的窗格纹饰做成客卧背景墙，在灯光下闪着灵动的光芒，镜面的运用有效地增强了居室的空间感，前面的窗格增添了一点“欲露还藏”的味道。床头两侧的灯光则以灯笼的样式出现，使房间古色古香。床罩上的回型纹也彰显着中式的气息，与房间的整体风格相统一。

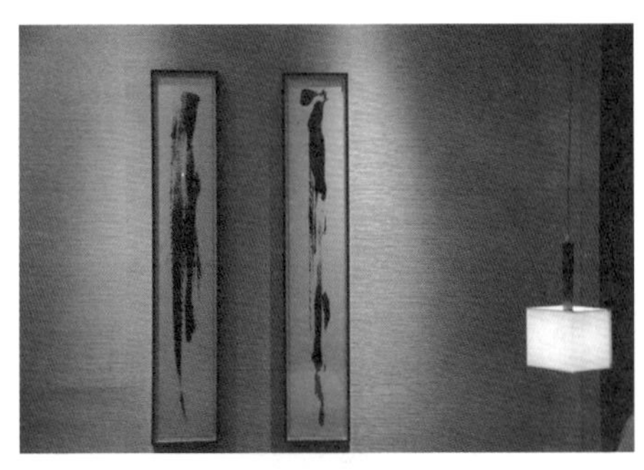

墙壁上悬挂了两幅字画，苍茫的笔触极具抽象性和现代性，体现出主人独特的审美品位。

书房是能体现主人文化素养的空间，明式的实木家具的使用使书房书香气息更加浓郁，浅米色的地毯除了能够降噪保持书房的安静，在色彩上更是带来了宁静的感受。书桌上的笔、墨、纸、砚，以及桌灯都传递着书香气息。书架上摆件不宜多，注意留有空隙，追求的正是中国审美趣味中“空灵”的意境。

中式屏风作为书房墙面的背景，营造出多层次效果。浅褐色带有中式传统纹样的壁纸也默默地传递着一屋子的书香气息。

如何打造中式风格?

攻略 1 巧用屏风、花格窗强化中式气氛。

攻略 2 选择味道十足的照明灯具，例如木质烛台、鸟笼吊灯、灯台等。

攻略 3 加入象征中式文化的配件饰品，例如文房四宝、茶道、以及带有禅意的饰品。

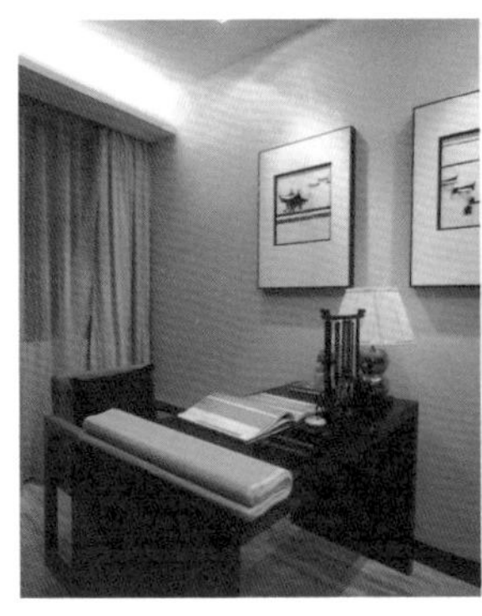

攻略 4 选择有中式图腾符号的雕塑。

攻略 5 选择有代表性的中式古典家具。

攻略 6 墙壁上悬挂写意的中国书画。

攻略 7 壁纸、布艺等选择中式纹样。

攻略 8 装饰材料多选用木质，线条多用直线。

攻略 9 室内的色彩多以木色为主，不需要太复杂的色彩。

攻略 10 选择造型符合中式传统美学的花艺，以及有特殊含义的花卉，如兰花、梅花等。

（二）地中海风格

地中海是一片独特的海域大陆，西方的宗教、哲学、科学和艺术起源于此，希腊文明的传播、罗马帝国的崛起、奥斯曼土耳其的征战、东正教与天主教的对抗、文艺复兴的挣扎……整个欧洲的奋斗和抗争史也浓缩凝聚于此。地中海人的生活充满了历史上各种文化的色彩。几千年的贸易、移民和侵略改变了这里，使它成为各个民族、各种文化的大熔炉。

地中海的建筑就像是大地与山坡上生长出来的，无论材料还是色彩都与自然达到了某种共契。地中海风格的室内设计基于海边轻松、舒适的生活体验，少有浮华、刻板的装饰，生活空间处处使人感到悠闲自得。总结起来基本有以下几个特点：

⑴“不修边幅”的线条：地中海沿岸的居民对大海怀有深深的眷恋，表现海水柔美而跌宕起伏的浪线在家居中是十分重要的设计元素。房屋或家具的线条不是直来直去的，而是形成了一种独特的浑圆造型，显得非常自然。

⑵伊斯兰装饰：横扫北非与西班牙、西西里岛的摩尔文化将波斯色彩带到了地中海。圆形的穹顶、拱形的门、蔓叶装饰纹样和错综复杂的瓷砖镶嵌工艺，这些清真寺建筑的元素静静地绽放在海边的民居中。

⑶纯美的色彩方案：地中海地区居民一直沿用蓝色辟邪的风俗。希腊白色的村庄、沙滩和碧海、蓝天连成一片，甚至门框、窗框、椅面都是蓝与白的配色，加上混着贝壳、细沙的墙面、小鹅卵石、拼贴马赛克、金银铁的金属器皿，将蓝白不同程度的对比与组合发挥到了极致。

西班牙、意大利和法国南海岸线上传统的农舍风格粗犷。南意大利的向日葵、南法的薰衣草花田，金黄与蓝紫的花卉与绿叶相映，形成一种别有情调的色彩组合，十分具有自然的美感。

在摩洛哥、突尼斯及其他北非国家，土黄及红褐是特有的沙漠、岩石、泥、沙等天然景观颜色，再辅以北非土生植物的深红、靛蓝，加上黄铜，带来一种大地般的浩瀚感觉。

希腊地区的色彩

意大利地区的色彩

北非地区的色彩

⑷独特的装饰方式：家具尽量采用低彩度、线条简单且修边浑圆的木质家具。地面则多铺赤陶或石板。

马赛克镶嵌、拼贴在地中海风格中算较为华丽的装饰。主要利用小石子、瓷砖、贝类、玻璃片、玻璃珠等素材，切割后再进行创意组合。

在室内，窗帘、桌巾、沙发套、灯罩等均以低彩度色调和棉织品为主。素雅的小细花条纹格子图案是主要风格。

独特的锻打铁艺家具，也是地中海风格独特的美学产物。同时，地中海风格的家居还要注意绿化，爬藤类植物是常见的居家植物，小巧可爱的绿色盆栽也常见。

⑸拱形的浪漫空间：门、窗和平台上覆盖着圆形的拱券并组合相连形成拱廊。

案例分析

风格：地中海风格

色彩定位：

没有艳丽的色彩、夸张的装饰和不切实际的想像，整个空间以白色为主调，浅浅的具有不同质感与色相的白，在墙面、顶棚、梁柱各个层面化解延伸，使整个居室充满了视觉的清新感，呈现质朴、唯美、慵懒的空间气质。

采用灵动、清新的装饰，优雅的铁艺是首选，大型的吊灯和简洁的壁灯形式统一。从白色到褐色，流动的花纺起到了绝好的过渡作用，烛台与吊灯，以同一种优雅相呼应，与素白的墙相对比，彰显出地中海风格的质朴与抒情。

横梁式样的吊顶与欧式座椅互为映衬，和谐一致。碎花的窗帘又同座椅的布面纹饰相映衬，浪漫而唯美。

书房具有宁静、雅致的气氛。木质雕花镂空隔断使空气连同思想流动了起来，质朴素雅的书桌与空间融为一体，似乎能够安抚我们的心灵。

白墙、白色橱柜构成了一个高度统一的背景，其他所有的器物都被很好地衬托了出来。

墙壁上的古瓷雕塑，一椅、一凳、一灯，这一切产生了美妙的效果，仿佛灵魂回到了最本初的地方，平和而悠然。

石材的洗手盆和铜制龙头，与马赛克台面搭配得完美绝伦，质朴中又不失雅致，海星小饰品让浓浓的地中海风扑面而来。

如何打造地中海风格？

攻略 1 使用拱形门窗和半穿凿景中窗。

攻略 2 家具多选用纯朴的木材，并做旧处理。

攻略 3 地中海的色彩以蓝、白、黄、绿、蓝紫或土黄、红褐色为主。

攻略 4 线条是随性的，形成一种独特的浑圆的造型。

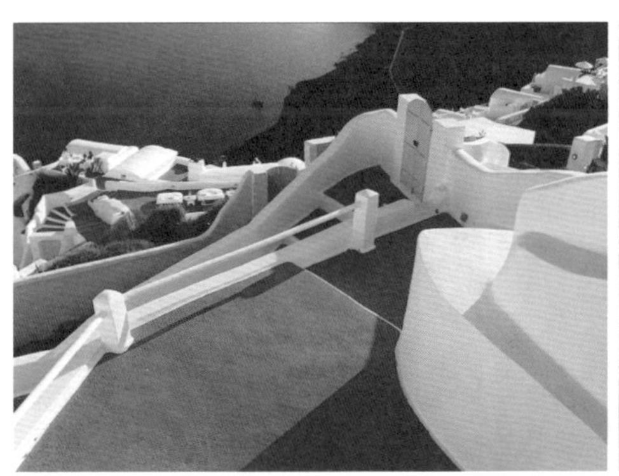

攻略 5 床品多以纯色系为主，多用蓝色和白色。

攻略 6 地面多用石板和陶砖，如果使用赤陶，风格就更加明显。

攻略 7 常用造型质朴的陶制花器搭配小绿植装饰空间。

攻略 8 独特的锻打铁艺家具，也是地中海独特的美学产物。

攻略 9 马赛克镶嵌、拼贴在地中海风格中算较为华丽的装饰。主要利用小石子、瓷砖、贝类、玻璃片、玻璃珠等素材，切割后再进行创意组合。

攻略 10 把自然气息浓厚、色调亮丽的小装饰作为房间中最精彩的点缀。

（三）东南亚风格

东南亚的家居风格非常崇尚自然，样式朴素沉实。在材质方面，大量运用麻、藤、竹、草、原木等天然的材料，营造一种充满乡土气息的生活空间。除了柚木外，藤、海草、椰子壳、贝壳、树皮、砂岩石等都可制作成家具、灯具和饰品，散发着浓烈的自然气息。

东南亚风格善于使用色彩，其风格的绚烂和华丽全靠软装饰来体现，在这样的华丽基调下，家具选用最朴素的样式、最沉实的材质，两种完全不同的性格互相映照，构成最为饱满的东南亚风情，达成沉静与热烈并存的空间。

东南亚风情总是散发着蛊惑人心的魅力，那些充满异域情调的家居设计或配饰单品，看上去简单古朴，骨子里却弥漫着低调的妩媚。清凉的藤椅、泰丝抱枕、精致的木雕、妩媚的纱幔等都让我们深刻地体验着东南亚风情。

此外，东南亚国家多有被殖民的历史，因此受到了多元文化的影响。如传统的家具样式受到欧式家具的影响，产品很有特色，造型上喜欢用曲线，或饰以包铜和错铜，或描以丰富彩绘，或精雕细刻，非常适合现在流行的混搭风，可与中式、美式、欧式家具混搭。

案例分析

风格：东南亚风格

色彩定位：

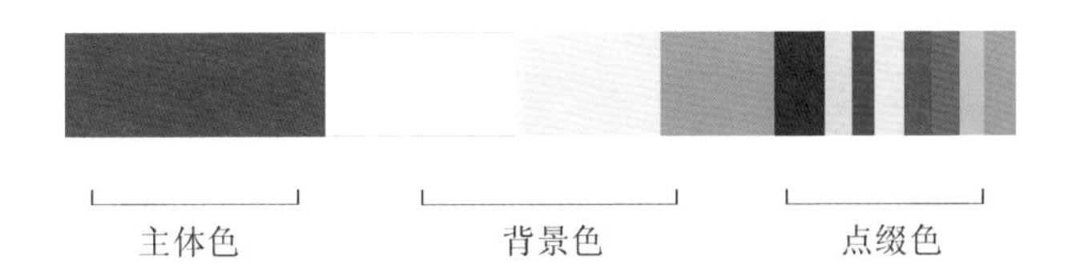

带纱幔的床，古朴浪漫，那素色的白纱使人仿佛感受到窗外吹来的温暖的海风，床尾的软榻也不声不响地流淌着东南亚风格的那份慵懒。这素色的纱、床品软榻的表面、墙面及顶面，与深色的床和软榻的框架，构成最简单的两极对比，简单质朴又流露出那么一点奢华和享受。

藤编的家具是东南亚风格最常见的家具，给整个客厅带来一丝清凉，藤编沙发与木质沙发的混搭，白色的沙发座面和靠枕与回纹靠枕混搭，都给人一种轻松、浪漫、无拘无束的感觉。半透明的屏风隔断与窗户上的竹编卷帘也是一种东南亚常见的布置，体现了浓浓的东南亚风情。

实木雕花壁饰和边桌都具有浓郁的东南亚特色，繁复的花纹和造型与桌面上古朴简单的饰物构成强烈的对比，藤制沙发柔和舒适，再搭上灰蓝色的坐垫和带碎花的靠枕，那种安逸是难以抗拒的诱惑。

东南亚风格具有多元化的特点，它融合了中式风格和欧式风格的某些元素，这一点在软装上体现得尤为明显。图中的白色座椅从造型到纹样，既有中式的印记又有欧式的风情，木色的边桌与鼓形的小茶几是典型的中式风格，灯具多用铜材质，造型新颖，雕刻精美。这种混搭的效果能够给我们的家居设计带来很多启发。

东南亚的软装具有亲和力，藤编的沙发和竹帘、鼓形茶几让自然气息无处不在，白色的床品和纱幔更是带来清爽浪漫的情怀。

如何打造东南亚风格？

攻略 1 家具多采用纯实木或竹编藤椅，细部还有木雕纹饰。整体视觉上色彩不多，但古老、自然之气尽显。

攻略 2 纱幔、泰丝靠垫色彩艳丽，流光溢彩，是成就东南亚风情最不可缺少的道具。

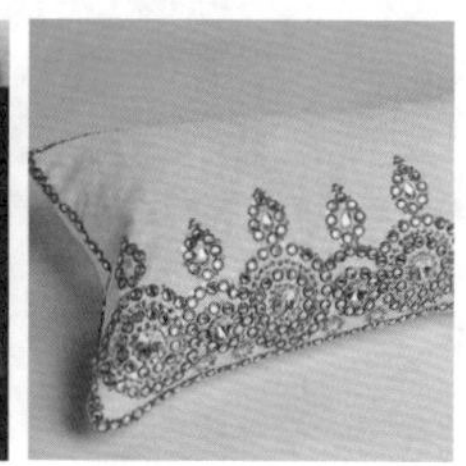

攻略 3 东南亚饰品的形状和图案多和宗教、神话相关。芭蕉叶、孔雀、菩提树、莲花等是主要的图案。

攻略 4 强调室内外空间的呼应，窗做得较大，把室外的自然景观引入室内。

攻略 5 东南亚家具多由人工制作，具有独特而繁复精巧的花纹。

攻略 6 公共空间大多摆放明亮的常绿植物，给人清新自然的感受。

攻略 7 卧室的床一般都有床架，可悬挂各种布艺帷帐。

攻略 8 灯具常用铜材质，造型新颖，雕刻精美。

攻略 9 窗帘多用能够体现自然的藤编卷帘或百叶窗帘。

（四）欧式风格

欧式风格在饰品的整体搭配上注重表现材料的质感、光泽，色彩设计中强调运用对比色和金属色，如黑、白、银等，给人一种金碧辉煌的感觉。各种色彩在一起和谐过渡，让居室成为一个温暖的家。

家具在空间中占有最大的份额。欧式风格可以考虑选择造型古典、色彩凝重的家具来强化特色，如代表深沉和稳重的棕色和原木色家具，可体现主人大气而富有修养的品质。也可以选用现代感强烈的家具，款式简单、抽象、明快，选用白色或者流行色，适合年轻新贵。

光效直接影响最终效果，如空间以欧式经典的黑、白、银色调为主，应该尽可能使用暖光，而冷光只适合点缀。灯饰可选择具有西方风情的造型，如考究大气的水晶灯、传承西方文化底蕴的壁灯、朦胧浪漫的烛台等。

欧式风格是传统风格之一，是指具有欧洲传统艺术文化特色的风格。欧式风格泛指欧洲特有的风格，一般用在建筑及室内行业。

根据时期的不同常被分为：古典风格（古罗马风格\古希腊风格）、中世纪风格、文艺复兴风格、巴洛克风格、新古典主义风格、洛可可风格等。

根据地域文化的不同则有：法国巴洛克风格、英国巴洛克风格、北欧风格等。

案例分析

风格：欧式风格

色彩定位：

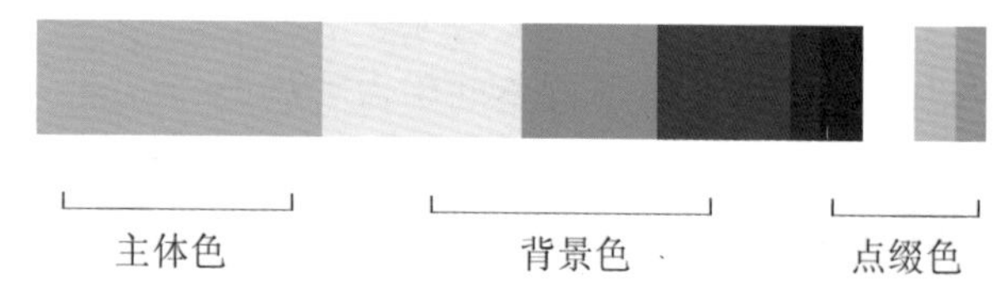

金属包边的皮质沙发、璀璨的水晶吊灯、水晶底座的羊皮台灯等。材料质感、光泽、色彩的对比营造了舒适又富丽堂皇的欧式客厅。

金色的真丝枕头、镶嵌镜面的床头柜、水晶底座的台灯让整个卧室尽显雍容华贵。玻璃隔断的使用让空间通透开敞，反光和折射让空间层次更加丰富。

重色调背景墙和窗帘让卧室空间安静沉稳，浅色的床品和其他墙面很好地中和了背景墙过重的视觉效果，让整个空间不显沉闷。背景墙上使用了一组金属画框作为装饰，有效地分解了背景墙的暗沉。水晶吊灯为安静沉稳的空间带来了华丽的气氛。

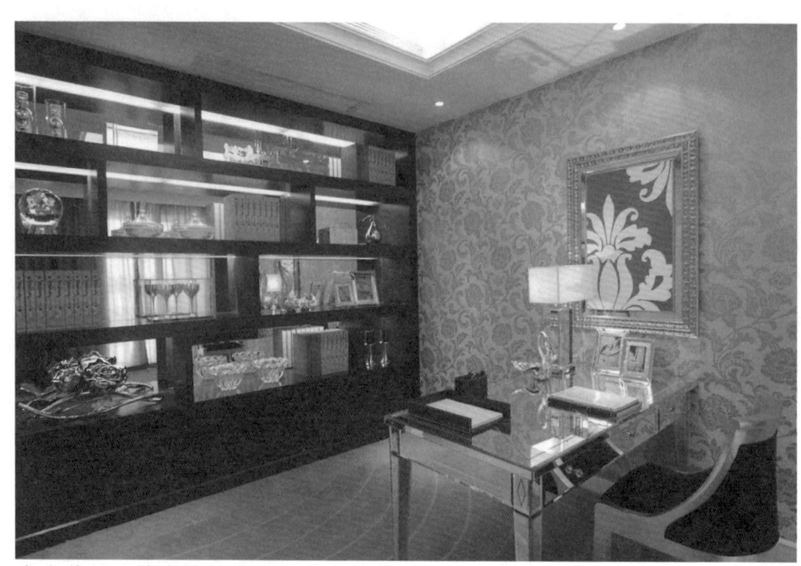

书房使用了欧式风格中常用的卷草纹壁纸，让古典的浪漫气息扑面而来，为原本严肃的书房带来了温馨。书柜的摆设很是讲究，注意了疏密关系，不是一味地摆满书籍或物品，而是注意留白，让整个书柜看起来既丰富又透气舒展。

完美的色彩和材质对比，垂直的水晶吊灯，共同营造了其乐融融的华美餐厅。镜子的使用为餐厅带来了多层的变化，让就餐更加愉快。

使用水晶或玻璃餐具能很好地体现欧式风格的华丽感。银器也能很好地将华丽感表达出来。

如何打造欧式风格?

攻略 1 装饰品烛台的广泛使用营造了浪漫气氛，烛台的造型与场合要搭配协调。

攻略 2 家具年代考究，家具木材、铜配件、油漆的色彩均很讲究。

攻略 3 陶瓷陈列柜是欧式风格设计中常用的家具。

攻略 4 展示收藏性的饰品是古典设计中最能体现主人喜好的手法之一。

攻略 5 通透的水晶、玻璃、镜面能营造出华丽的室内装饰效果，同时也使居住空间增加层次感、减少压抑感。

攻略 6 注意装饰画与空间中其他墙面的对立关系及画框的选择。

攻略 7 窗帘的选择属空间大块的色块处理，材质应厚重，配以轻纱，体现气氛。除了视觉效果，还应注重手感，体现细节。

攻略 8 欧洲人重视厨房餐厅文化，餐桌及餐具在欧式装修中有着举足轻重的地位。欧式风格装修中多将餐具摆放在餐桌上，同时搭配烛台、花卉等饰品来烘托热烈或温馨的气氛。

攻略 9 花艺大气，造型饱满，可配晶莹剔透的器皿等。

（五）日式风格

传统的日式家居将自然界的材质大量运用于居室的装修、装饰中，不推崇豪华奢侈、金碧辉煌，以淡雅节制、深邃禅意为境界，重视实际功能。

日式室内设计中色彩多偏重于原木色，以及竹、藤、麻和其他天然材料颜色，形成朴素的自然风格。例如：和风传统节日用品日式鲤鱼旗、和风御守、日式招财猫、江户风铃等都是和风式物品。

日式设计风格直接受日本和式建筑影响，讲究空间的流动与分隔，流动则为一室，分隔则分几个功能空间，空间中总能让人静静地思考，禅意无穷。

日式家居常利用檐、龛空间创造特定的幽柔润泽的光影。明晰的线条、纯净的壁画、卷轴字画，极富文化内涵，格调简朴高雅。

日式风格特别能与大自然融为一体，借用外在自然景色，为室内带来无限生机，和室的门窗大多简洁透光，家具低矮且不多，给人以宽敞明亮的感觉。因此，和室也是扩大居室视野的常用方法。选用材料上也特别注重自然质感，以便与大自然亲切交流，其乐融融。

案例分析

风格：日式风格

色彩定位：

主体色　　背景色　　点缀色

承袭了中国唐代遗风，室内无座椅，就餐时席地而坐，餐桌比较矮，木质的隔断营造了宁静与柔和的光效。色调朴素高雅，木制的长桌，简单古朴的花艺，都体现了日式风格中崇尚的禅宗意境。

茶道是日本十分重要的文化，图中造型古朴的铸铁茶壶悬于横梁之下、炭火地炉之上，极显复古的情趣，粗犷之中流露着精致。两个碎花座垫，隔断的圆月格窗，远处一幅中式字画，一篮鲜花，让整个空间都流露出自然气息和禅意。

与欧式风格截然不同，日式风格不会将家中的物品一一陈列，而是精心地选择一部分，其余都收纳起来。

日式的空间少有装饰，空灵而充满禅意。

（左）木材的大量使用，木本色的清新展现，体现了日式崇尚自然。木框羊皮纸吊灯和圆月格窗最能体现日式风情。
（右）卫生间的材料都是使用亲近自然的石材和木材。自然气息无处不在。

如何打造日式风格？

攻略 1 日式客厅多采用大面积留白。木质、竹制、纸质的天然绿色建材被广泛应用。

攻略 2 日式家具虽少但很有特色，注重材料天然质感，线条简洁，工艺精制。

攻略 3 日式插花艺术让人沉醉。

攻略 4 传统日本布艺常用深蓝色、米白、白色等，上面带有日本特色图案。

攻略 5 灯的造型十分讲究，既体现日式风格的精髓，又透出一丝丝禅意。

攻略 6 卷轴字画，极富文化内涵。

攻略 7 极具传统日本风格的饰品。

攻略 8 日本居家茶室中一定会摆放一套精致的茶具。

攻略 9 描绘日式传统图案的屏风也经常作为空间隔断或背景墙来使用。

（六）田园风格

现代人对阳光、空气和水等自然环境有着强烈的回归意识，对乡土有着无法割舍的眷恋，从而情不自禁地将思乡之物、恋土之情倾泻到室内环境空间、界面处理、家具陈设以及各种装饰要素之中。大量木材、石材、竹器等自然材料以及自然符号直接切入，营造“原始化”的室内环境、“返璞归真”的心态和氛围，体现了乡土风格的自然特征。

1. 英式田园风格

林语堂曾经说过“世界大同的理想生活，就是住在英国的乡村，屋子里装着美国的水电煤气管子，请个中国厨子，娶个日本太太，再找个法国情人”。的确，住在田园式的人间乐园，是人们最理想的生活方式。“英国田园”式的居住环境让生活充满浪漫的气氛。

英式田园风格特点：英式田园家具的特点主要在华美的布艺以及纯手工的制作，布面花色秀丽，多以纷繁的花卉图案为主。碎花、条纹、苏格兰图案是英式田园风格家具永恒的主调。家具材质多使用实木，制作以及雕刻全是纯手工的，十分讲究。

英式田园风格家具多以奶白、象牙白等白色为主，高档的桦木、楸木等做框架，配以高档的环保中纤板做内板。优雅的造型、细致的线条和高档的油漆处理，使得每一件产品像优雅成熟的中年女子般含蓄温婉、内敛而不张扬，散发着从容淡雅的生活气息，又宛若姑娘十八时清纯脱俗的气质，无不让人心潮澎湃、浮想联翩。

青青的绿色和温暖的黄色相搭配，呈现大自然独有的气质，再搭配一个小鸟图案的抱枕，更是这一田园自然气质的点睛之笔。

整个卧室最吸引人眼球的就是床头板的设计，选用带有古旧印记的木板作为装饰，带来了一种古朴而自然的气息。在墙面挂上两幅蓝色的装饰画，给卧室注入了一种清新之感。

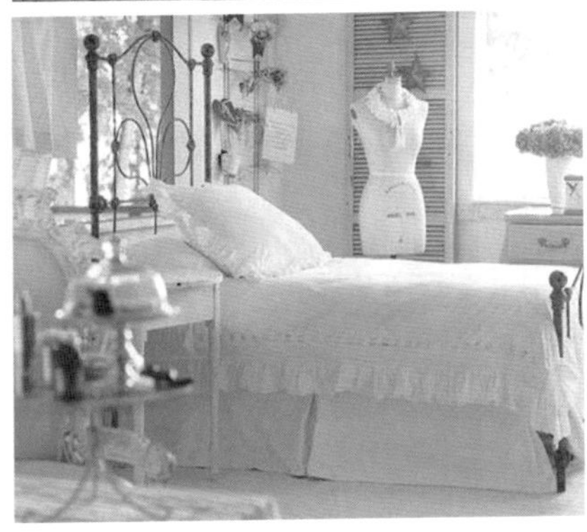

完美流畅的线条，精致优雅的曲线，搭配花边床品，更好地营造了田园氛围，让卧室更添欧式公主范。星星的装饰品，给整个卧室增添了一抹别样的趣味。

如何打造英式田园风格？

攻略 1 家具使用实木，外形质朴素雅，多用象牙白色。

攻略 2 沙发多以手工布面为主，碎花图案是永恒的英式田园风格主调。

攻略 3 如果有壁炉，多以简洁的浅色系为主，或使用砖砌造型。

攻略 4 在窗帘、布艺中，碎花、格子等图案都必不可少。

攻略 5 陶瓷也是打造英式田园风格必不可少的饰品。

攻略 6 在墙面使用不同组合的相框是英式田园风格出彩的设计。

攻略 7 灯具多使用铁艺或铜质吊灯，灯光使用暖光源，营造温暖舒适的空间环境。

攻略 8 绚烂的花艺是打造英式田园风格的装饰元素之一，花材种类多、用量大，色彩艳丽浓厚，花束丰茂。

2. 美式田园（乡村）风格

美式乡村风格受到世界不同种族移民至美国形成的多元文化影响，摒弃了繁琐和奢华，并将不同风格中的优秀元素汇集融合，以舒适机能为导向，强调“回归自然”。乡村风格突出了生活的舒适和自由，不论是感觉笨重的家具，还是带有岁月沧桑的配饰，都在告诉人们这一点。

美式乡村家具天生就适合用来怀旧，其固有的自然、经典气质，还有斑驳陈旧的印记，似乎能让时光倒流，使生活步调放慢。家具多为实木，一般比较厚实耐用。在美国，如果拥有一件祖母用过的家具，是十分值得骄傲的事情。

美式乡村风格的色彩以自然色调为主，绿色、土褐色最为常见，自然、怀旧、散发着浓郁泥土芬芳的色彩是乡村风格的典型特征。壁纸多用纯纸浆质地；家具颜色多仿旧漆，样式厚重；设计中多有地中海式的拱形。

美式乡村风格的配饰除了强调自然生活质感外，营造简洁、温馨的家居气氛也是很重要的。布艺就是其中重要的装饰元素，本色的棉麻是主流，它的天然感与乡村风格能够很好协调。棉麻枕头和靠枕形成层次丰富的房间焦点，它是美式设计的灵魂之一。窗帘则可以使用棉、竹、藤帘，多使用百叶窗。在美式乡村风格的房间中烛和台灯常常作照明的主角，台灯的灯罩为了突出田园风格休闲、淡雅、宁静的氛围，多用棉麻或碎花的灯罩。

“自然”一直是田园风格所推崇的，原木质地的床架搭配原木的地板，使整个卧室散发着原木的清香。选用藤制的扁子作为床头的装饰，十分别致。

土褐色的墙面，造型粗犷的实木咖啡桌，碎花的布艺沙发，都彰显着浓浓的乡村气息。茂盛绚烂的花卉，无处不在的绿植，更是让这空间鸟语花香、慵懒舒适。边桌上和墙壁上展示着琳琅满目的饰品，饱满的装饰手法体现了对多元文化的包容和热情洋溢的民族性格。

（左）清新的绿色墙面，一组以植物为主题的小绘画，芬芳的花卉，新鲜的果蔬，透露着美式乡村的惬意生活。
（右）灿烂的鲜花，亲近自然的实木家具，香醇的红茶，经典的布艺沙发，温暖的阳光，没有什么比这田园气息更让人放松和舒适了。

温暖的色调、棉麻布艺带来无限的舒适感；质朴敦厚的茶几和透光藤质卷帘透露着自然的气息；铜质的吊灯和烛台更是给空间带来了一丝浪漫色彩；绿色植物和绿色的搭毯、靠垫，相互辉映地彰显着空间里的春天气息……

如何打造美式乡村风格？

攻略 1 在面料、沙发的皮质上强调舒适性，以享受为最高原则。

攻略 2 家具的材质以实木为主，线条简单，保持木材原始的纹理和质感。

攻略 3 布艺的天然感与乡村风格能够很好地协调，布艺中本色棉麻是主流。

攻略 4 摇椅、小碎花布、水果、铁艺制品都是乡村风格空间中常用的装饰。

攻略 5 色彩多以自然色调为主，特别是墙面色彩的选择上，自然、怀旧、散发质朴气息。

攻略 6 花卉是打造美式乡村风格必不可少的东西，要选择能够散发出自然、怀旧、质朴气息的花卉，如散尾葵、小野花等。

攻略 7 墙面或边柜总是陈列展示着具有收藏意义或特殊意义的装饰物。

攻略 8 偏爱复古感觉的墙面、地面，地面多用石材装饰。

（七）新古典风格

新古典主义的设计风格其实就是经过改良的古典主义风格。一方面，保留了材质、色彩的大致风格，仍然可以很强烈地感受传统的历史痕迹与浑厚的文化底蕴，另一方面，又摒弃了过于复杂的肌理和装饰，简化了线条。新古典主义将古典美注入简洁实用的现代设计中，使得家居装饰更有灵性，让古典的美丽穿透岁月，在我们身边活色生香。

现代家具采用新古典风格，要着重表现一种历史感、一种文化纵深感。新古典的表情，可以华丽，可以优雅，可以精致丰富，可以细腻悠闲。

在造型语言上，常选用羊皮或带有蕾丝花边的灯罩，铁艺或天然石磨制的灯座，古罗马卷草纹样和人造水晶珠串也是常用的视觉符号。新古典主义风格，更像是一种多元文化的思考方式，将怀旧的浪漫情怀与现代人对生活的需求相结合，兼容华贵典雅与时尚现代，反映出后工业时代个性化的美学观点和文化品位。

新古典主义的灯具在与其他家居元素的组合搭配上也有文章。例如：在卧室里，可以将新古典主义的灯具配以洛可可式的梳妆台、古典床头、蕾丝垂幔，再摆上一两件古典样式的装饰品，如小爱神丘比特像，或者挂一幅巴洛克时期的油画，让人们体会到古典的优雅与雍荣。现在，也有人将欧式古典家具和中式古典家具摆放在一起，中西合璧，使东方的内敛与西方的浪漫相融合，别有一番尊贵的感觉。

案例分析

风格：新古典风格

色彩定位：

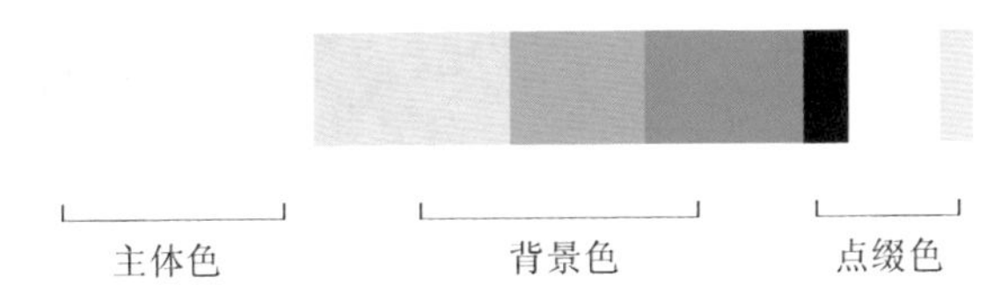

整个房间选用白色调，家具摒弃了复杂的肌理和装饰，简化了线条，将古典美注入简洁实用的现代设计中，使得家居装饰闪着灵性的光芒。

浅调的居室、温馨的灯光让人觉得无比宁静，镜面的折射和古罗马卷草纹样的玻璃隔断让古典的美丽穿透岁月。

在这个不大的空间中，镜面的多次使用使得空间变得开阔，层次变得丰富。晶莹剔透的水晶灯具给亦真亦幻的梦幻空间带来更加迷人的贵族气质。

水晶与玻璃制品总是能够让空间表现得精致细腻。

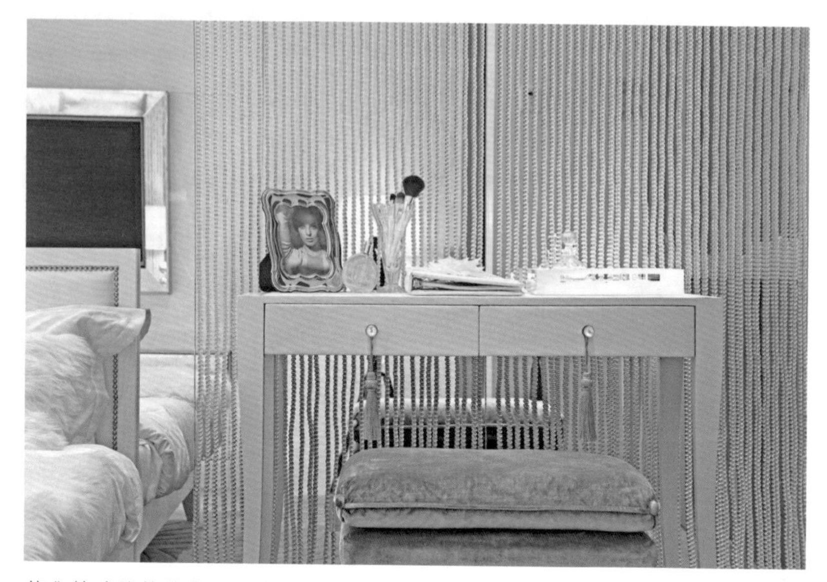

简化繁琐的梳妆台，还遗留着洛可可式的味道，古典之美油然而生。晶莹的珠帘做成背景，浪漫无比。
美丽的家居离不开精致的饰品，梳妆台上的水晶镜框、饰品收纳盒、抽屉把手的流苏都无一例外地彰显着主人的细心和对生活品质的追求。

古罗马卷草纹样是新古典主义风格的代表。以压花的形式出现在玻璃上，既通透又遮挡，是功能和形式美的高度统一。

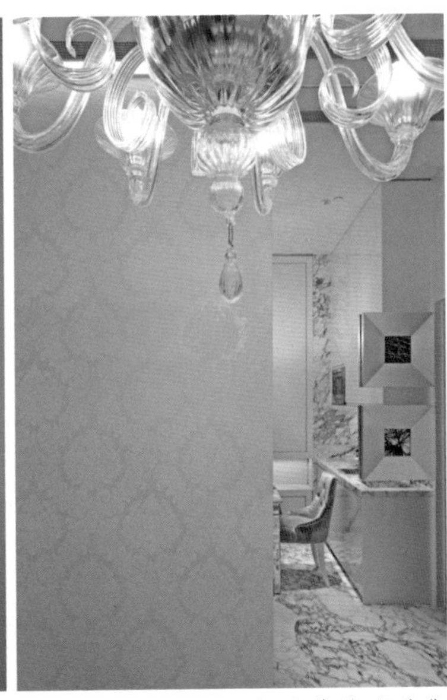

（左）嵌在镜面上的小装饰画，银色的金属质感提升了新古典的那种华贵典雅，造型简洁又不失时尚现代。
（右）炫丽的水晶吊灯永远是新古典主义的代表。

如何打造新古典风格？

攻略 1 摒弃过于复杂的肌理和装饰，简化线条。

攻略 2 白色、金色、黄色、暗红是新古典风格常见的主色调。

攻略 3 客厅窗帘可选用大气的罗马帘，根据空间大小也可以选择素雅、有质感的其他样式。

攻略 4 洛可可式的梳妆台、古典床头等还是会经常使用。

攻略 5 简约、现代的设计元素融入其中。

攻略 6 常见的壁炉、水晶灯是新古典风格的点睛之笔。

攻略 7 选用雕塑、巴洛克时期的油画、花艺，或者使用古罗马卷草纹样的装饰，让人们体会到古典的优雅与雍容。

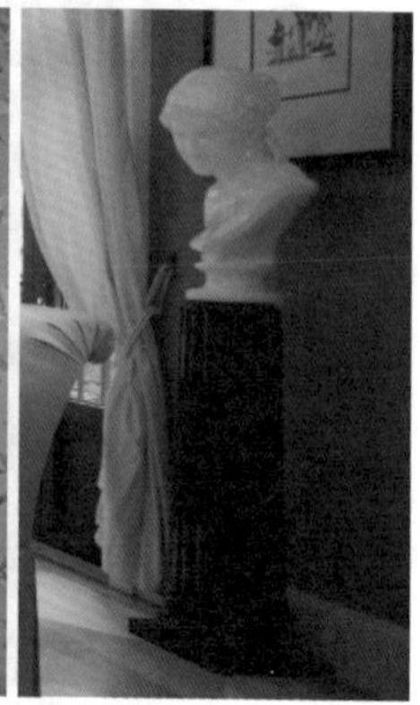

攻略 8 古典的水晶杯、柔软的餐巾、不锈钢的餐巾环、个性化的餐具，都是体现主人品位的元素。

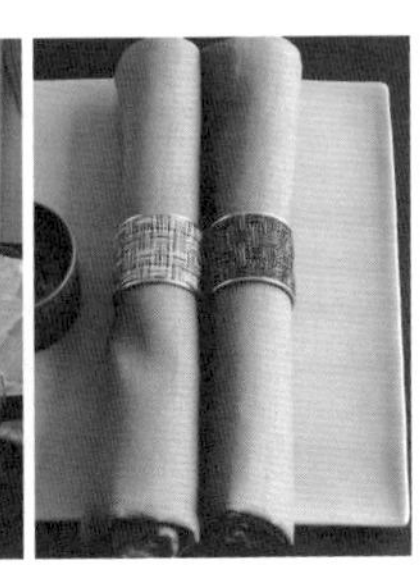

攻略 9 床上用品的铺设不要过于复杂。

（八）现代简约风格

现代简约风格大多选择简约的线条装饰，显得柔美雅致或苍劲有节奏感，让居室主人能够充分享受由简约线条组合起来的留白空间。享受空间的魅力以及留白，这是简约主义里最重要的主题和特色。说到简约，人们通常会想到空间的简约、家具的简约、主人生活方式的简约以及所有装饰用品的简约，它们共同构成伶俐、干净、色彩不多的居室空间。

现代简约风格看似简单，但其背后却凝聚着主人的独具匠心，力求美观而实用。当今社会，高房价促使了小户型住宅的产生，在面积较小的空间里，不适合做过多繁琐的装饰。在选择家具和饰品时，尽量以不占面积、方便折叠的多功能用途为主，并注重生活品味、健康时尚，注重合理、节约的科学消费。

案例分析

风格：现代简约风格

色彩定位：

客厅的家具采用硬朗的直线条，让空间变得率性整洁，没有过多的色彩，只有黑白两个基础色彩，其他色彩也都接近这两个基础色，整个空间的色彩和谐统一，对比鲜明。空间中没有过多的装饰，墙面大多留白，看起来轻松透气，简洁大方。

（左）造型现代的两个座椅，为空间提升了“酷”的魅力。墙面的画框摆放讲究，右下角的相框打破了中规中矩的布局，让整个画面灵活起来。
（右）现代风格多使用造型简洁的窗帘、抽象的雕塑。

餐桌和餐椅造型也很简洁，没有多余的装饰，餐具的造型新颖独特，使用了方形盘子，不同于传统的圆盘。新颖是营造现代风格的有力武器。

棋牌室中所有的家具都是硬朗的直线条，落地台灯造型简单大方。没有矫揉造作，只有实用简单。

图片右侧的台面，用最简单的造型满足了最大的使用功能，成为书桌。这种类似飘窗的结构不仅节省空间，还使桌面很好地与窗户衔接。现代风格的家居中几乎不用造型复杂的吊灯，多用筒灯、台灯以及灯带。

如何打造现代简约风格?

攻略 1 尽量多一点空间留白，使房间看起来简洁大方。

攻略 2 花艺花器尽量以单一色系或简洁线条为主。

攻略 3 装饰品的材质多选择金属、玻璃等。

攻略 4 家具造型简洁，强调功能性设计，对于材质可以有多种选择。

攻略 5 床上用品的铺设，一般是非常简单的，尽可能使空间安静，而不是像欧式床上用品那么繁琐。

攻略 6 线条尽量以直线、横线或律动线为主。

攻略 7 装饰画可选择抽象画，画框简洁大方，在装裱时可以大幅留白。

攻略 8 灯具应造型简单，较多使用筒灯。

攻略 9 色调尽量以单一色系为主，偶尔可以有夸张色彩加入，但注意夸张色彩使用的范围不要太大。

Chapter4

Make Your Home Unique

第四章 装扮独一无二的家

节日装饰

我们国家的节日有很多，有法定的，有民间传统的，还有外来的，比如中国最重要的“春节”和西方的“圣诞节”等。如今“节日”的概念有了很多新的变化，如新兴的“中国七夕情人节”等。无论在中国还是外国，人们会运用不同的方式装扮我们的生活，营造一种喜庆的气氛。

节日装饰不仅能够美化家居，更加让我们懂得每一个节日的意义，人们会根据不同的节日，选用不同的装饰物来装饰空间。

（一）春节

中国农历年的岁首（农历正月初一）称为春节。这是中国人民最隆重的传统节日，是对未来寄托新的希望的佳节，也象征着团结和兴旺。据记载，人们过春节已有4000多年的历史。

在中国的春节，红色是最适合的色彩，寓意吉祥、热烈活泼。红灯笼是必备的装饰品，还有吉祥的对联、沙发上喜气洋洋的抱枕等瞬间就让家里有了节日的气氛。

如何做好春节装饰？

攻略1 中国红布置餐桌，博得新年好彩头。

攻略 2 过年离不开团圆饭，妙用餐具的装饰搭配，让团圆饭其乐融融。

攻略 3 利用蜡烛、灯笼、剪纸、挂饰等中国味十足的小饰品提升节日气氛。

（二）圣诞节

西方人以红、绿、白三色为圣诞色，圣诞节来临时家家户户都会用圣诞色来装饰。红色的有圣诞花和圣诞蜡烛。绿色的是圣诞树，它是圣诞节的主要装饰品，用砍伐来的杉、柏一类呈塔形的常青树装饰而成，上面悬挂着五颜六色的彩灯、礼物和纸花，还点燃着圣诞蜡烛。西方的儿童会在圣诞夜临睡前，在壁炉或枕头边上放一只袜子，等待圣诞老人把礼物放进去。

攻略 圣诞节装饰的重点是利用圣诞色彩和圣诞小饰物打造浓浓的圣诞节氛围。

季节性室内装饰

(一)春季

一年之计在于春。春天万物复苏，一切生机盎然，告别了寒冷的冬天，一切都变得轻盈。我们应该根据人们的心理需求为房间换装，让春的气息扑面而来。

如何打造春季室内装饰?

攻略 1 使用代表春天的色彩是营造春天气息的切入点，让家同步新绿，不做春天局外人。稚嫩的黄绿色，不论是穿在身还是饰在家，都给人强烈的视觉冲击，恰到好处地诠释了初春空间的色彩需求。

攻略 2 利用绿植花卉营造春暖花开的氛围。

攻略 3 使用有生命的花草枝叶图案王牌，增添初春生机。花草枝叶最能表达春季的鲜活生命力，初春时节，利用带有花草枝叶图案装饰的家具、布艺、餐具等，均能诠释充满鲜活气息的春之居所！

（二）夏季

夏天室外的温度很高，闷热的天气让人们更愿意闲暇时呆在家里，用清爽的颜色为家穿一件明快的外衣，感受一份清凉自在的居家惬意。

如何打造夏季室内装饰?

攻略 1 让蓝色为家降温。

攻略 2 窗帘变厚为薄，让清风吹进来。

（三）秋冬季

秋冬季的房间里，软装元素采用一些靓丽温暖的橘色和沉稳的大地色来获得厚重温暖的感觉。地毯是为房间升温的不错选择，尤其是绒度高、柔软的地毯可大大提升厚重感。如果想要再增添几分秋冬的情调，可以换几款布艺，如毛茸茸的小靠垫、小桌布等，布艺总是冬季居室的点睛之笔。

如何打造秋冬室内装饰？

攻略 1 室内加抹活力红橙，可让人感觉温暖。

攻略 2 温软布艺全方位布置，为家暖场。